BEI GRIN MACHT SICH IHR WISSEN BEZAHLT

- Wir veröffentlichen Ihre Hausarbeit, Bachelor- und Masterarbeit

- Ihr eigenes eBook und Buch - weltweit in allen wichtigen Shops

- Verdienen Sie an jedem Verkauf

Jetzt bei www.GRIN.com hochladen und kostenlos publizieren

Bibliografische Information der Deutschen Nationalbibliothek:

Die Deutsche Bibliothek verzeichnet diese Publikation in der Deutschen National-
bibliografie; detaillierte bibliografische Daten sind im Internet über http://dnb.d-
nb.de/ abrufbar.

Impressum:

Copyright © 2017 GRIN Verlag
Druck und Bindung: Books on Demand GmbH, Norderstedt Germany
ISBN: 9783668744127

Dieses Buch bei GRIN:

https://www.grin.com/document/431633

Simon Baitinger

Vor- und Nachteile von Photovoltaikanlagen

GRIN Verlag

Fachinterne Prüfung (FIP) Physik

Polykristalline Solarzellen

Simon Baitinger

Fiedensschule Neustadt R10b

Schuljahr 2017/18

Inhaltsverzeichnis

1. „Fotovoltaik" / „Photovoltaik" - Was bedeutet das?

Unter Photovoltaik oder Fotovoltaik versteht man die Umwandlung von Lichtenergie in elektrische Energie durch Solarzellen. Seit 1958 wird diese Energiequelle genutzt. Heutzutage kann man Solarzellen fast überall finden: Auf Dächern, an Fassaden, bei Solarlichterketten, als Solarleuchten im Garten, als Energiequelle für Power-Banks, bei Taschenrechnern, oder bei E-Autotankstellen. Der Begriff „Photovoltaik" leitet sich aus dem griechischen Wort für „Licht" (phos) und aus der Einheit für die elektrische Spannung Volt (nach Alessandro Volta) ab. Seither war die Abkürzung von Photovoltaik „PV". Doch seit der neuen Rechtschreibreform von 2005, kann man auch das eingedeutschte Wort „Fotovoltaik" und somit auch „FV" verwenden.

„Polykristalline Solarzelle" – Was bedeutet das?

Ein Polykristall, auch Multikristall oder Vielkristall genannt, ist ein Festkörper, der aus vielen kleinen Einzelkristallen besteht. Polykristalline Solarzellen bestehen aus Silizium, das wiederum aus vielen kleinen Siliziumkristallen besteht.

Geschichte der Solarzellen

Der französische Physiker Alexandre Edmond Becquerel hat im Jahr 1839 den photoelektrischen Effekt entdeckt. Dieser Effekt wurde weiter erforscht. Albert Einstein hatte einen großen Anteil an dieser Forschung mit seiner Arbeit zur Lichtquantentheorie geleistet, die 1905 erschienen ist und durch einen Nobelpreis für Physik ausgezeichnet wurde. 1954 war es möglich, die ersten Siliziumsolarzellen mit Wirkungsgraden von bis zu 6 % zu produzieren. Die ersten technischen Anwendungen wurden ab 1955 bei der Stromversorgung von Telefonverstärkern gefunden. Seit Ende der 1950er Jahren werden Photovoltaikzellen in der Satellitentechnik verwendet.

Ausgelöst durch die Ölkrise von 1973/74 und Nuklearunfälle wurde jedoch die Energieversorgung überdacht. Seit Ende der 1980er Jahre wurde die Photovoltaik in den USA, Japan und Deutschland intensiv erforscht.

2. Herstellung

Polykristalline Solarzellen werden aus Silizium, einem Halbleiter, hergestellt. Dieses kommt in Quarzsand in großen Mengen vor. Silizium ist ein fast unendlich vorhandener Grundstoff. Um reines Silizium zu bekommen, muss man den Sauerstoff entziehen. Deshalb wird Quarzsand mit Kohlenstoff auf 1800°C erhitzt. Übrig bleiben nur Siliziumblöcke, die aus mehreren Kristallen bestehen. Diese werden anschließend chemisch gereinigt, gekocht und dann destilliert. Danach ist das Silizium so rein, dass es unter 1 Millionen Siliziumatomen nur noch ein Fremdatom zu finden ist. So ist dieses Silizium aber nicht für die Stromgewinnung zu gebrauchen. Es ist zu ordentlich. Deswegen wird es gezielt mit Bor oder Phosphor verunreinigt (dotiert). Als Dotieren bezeichnet man den Einbau von Fremdatomen in das Atomgitter eines Halbleiters. Dadurch kann man gezielt die elektrische Leitung in Halbleitern beeinflussen, die Energie nur unter bestimmten physikalischen Umständen leiten. Dabei muss die Menge der Verunreinigung exakt stimmen. Die Mischung der Stoffe wird eingeschmolzen und später als Kristallblock (Ingot) abgekühlt. Dieser wird im kalten Zustand mit diamantbesetzten Schneidedrähten in hauchdünne Scheiben (Wafer) zerschnitten. Diese 0.3 Millimeter dicken Wafer sind so zerbrechlich, dass keine Maschine sie voneinander trennen kann. Deshalb werden sie von Hand in sog. Reinräumen sortiert. Einen solchen Reinraum darf man nur mit Schutzanzügen betreten, da der Staub, der jeder an sich hat, die Wafer beschädigen könnte. Die handgroßen verunreinigten (dotierten) Siliziumscheiben werden nun mit Kontakten und einer Antireflexionsschicht versehen. Dann wird das mit Phosphor dotierte Silizium auf das mit Bor dotierte Silizium befestigt. Nun sind die einzelnen Solarzellen fertig. Die vielen Solarzellen werden zu einem sogenannten Solarpaneel zusammen-gefügt und anschließend z.B. auf Hausdächern montiert und verkabelt. Man kann die Solarpaneele in einer Reihenschaltung (Serienschaltung) oder eine seltener genutzte Parallelschaltung verwenden. Wenn für Solarmodule eine Reihenschaltung genutzt wird, entsteht eine höhere Spannung, bei einer Parallelschaltung wird ein höherer Strom erzeugt. Die polykristallinen Solarzellen werden dann in transparentem Kunststoff eingebettet und mit einer Glasscheibe abgedeckt, um so ein Solarmodul zu formen. Außerdem bekommt jedes Solarmodul einen Rahmen aus Edelstahl oder Aluminium. Für die Hälfte der momentan montierten Photovoltaik-Anlagen werden polykristalline Solarmodule genutzt. Monokristalline oder Dünnschicht Solarzellen weisen einen geringeren Marktanteil auf.

3. Aufbau

Polykristalline Solarzellen (die kleinen Bauteile) sind folgendermaßen aufgebaut:

Das, was man von oben von einem Solarmodul sehen kann, ist eine transparente Schutzschicht aus Glas, die dem Schutz gegen z.B. Hagel und Verschmutzung dient. Daneben spielt beim Aufbau einer Solarzelle die Abdeckung eine wichtige Rolle, deren Aufgabe es ist, möglich viel des einfallenden Lichts auf den Halbleiter zu lenken. Diese Schicht verleiht den Solarzellen ihre Färbung, die von blau bis annähernd schwarz reicht. Dann kommt die negative Elektrode, die mit dem negativ dotierten Halbleiter Silizium verbunden ist. Es folgt der Übergangsbereich (pnÜbergang), der zwischen der negativ dotierten und der positiv dotierte Siliziumscheibe zu finden ist. Die positiv dotierte Siliziumscheibe ist mit der positiven Elektrode verbunden ist. Unter allem drunter ist noch der Träger.

Solarpaneele (mehrere Solarzellen) sind folgendermaßen aufgebaut:

Das, was man von oben von einem Solarmodul sehen kann, ist die Sicherheitsglasabdeckung, die dem Schutz gegen z.B. Hagel und Verschmutzung dient. Darunter liegt eine transparente Kunststoffschicht (z.B. aus Silikongummi), in der die handgroßen Solarzellen eingebettet sind. Dann folgen die Solarzellen, die elektrisch miteinander verschaltet sind. Darunter ist eine Rückseitenkaschierung mit einer witterungsfesten Kunststoffverbundfolie z. B. aus Polyvinylfluorid und Polyester befestigt. Es folgt eine Anschlussdose mit Anschlusskabeln und Steckern. Darunter befindet sich ein Aluminiumprofil-Rahmen zum Schutz der Glasscheibe bei Transport und Montage.

4. Funktion

Wenn so eine Solarzelle/platte/paneel nicht angeschienen wird, passiert nicht viel. Die übrigen, freien Elektronen von der oberen, negativ dotierten Siliziumschicht durchdringen die Grenzschicht und werden von den positiven Löchern in der positiv-dotierten Siliziumschicht angezogen und füllen dieses. Energie erzeugt wird dabei jedoch noch nicht.

Erst wenn Licht auf die Solarzelle scheint passiert etwas: Licht in Form von Photonen trennt nun negative Ladungsteilchen (Elektronen) und positive Ladungsteilchen (Löcher) in der positiv dotierten Siliziumschicht. Die Elektronen sind nun freibewegliche Elektronen. Diese Elektronen können sich frei in den negativ und positiv dotierten Siliziumschichten bewegen. Im Gegensatz zu einfachen Modellen sind die Löcher ebenfalls beweglich.

Nicht jedes Photon der Sonne sorgt dafür, dass ein Elektron von einem Loch getrennt wird. Ist die Energie des Photons zu gering, fällt das Elektron in das eben erst „verlassene" Loch zurück. Ist die Energie des Photons jedoch zu groß, wird nur ein Teil der Energie genutzt, um das Elektron vom Loch zu trennen. Einige Photonen gehen auch ungenutzt durch die Solarzelle, andere werden von den Frontkontakten reflektiert und gehen so verloren.

Die Elektronen werden regelrecht von ihrem Platz katapultiert. Dort ist später das Loch. Die freien Elektronen schießen nun durch die Grenzschicht und landen auf der negativ dotierten Siliziumseite. Die Elektronen können aber nicht auf dem gleichen Weg zurück zu dem Loch, auch wenn das Loch das Elektron anzieht. Der Pluspol, der von oben von den Kontakten kommt, ist stärker. Deshalb bewegt sich das Elektron nicht wieder nach unten, sondern zur Oberseite der Solarzelle. Das Elektron bewegt sich durch den Kontakt, durch einen Verbraucher wieder zurück zur positiv dotierten Siliziumschicht. Es fließt Strom, weil der Stromreis geschlossen ist. Wenn Elektronen von Atom zu Atom fließen ist das Strom.

Vereinfacht lässt sich sagen, dass Licht Elektronen von ihren Atomen teilt. Die Elektronen bewegen sich in Richtung des oberen Kontaktes, weil es angezogen wird. Der Weg führt das Elektron zurück zu einem Loch in dem unteren Teil der Solarzelle.

5. Verwendung

Polykristalline Solarzellen können überall dort problemlos eingesetzt werden, wo der geringere Wirkungsgrad durch eine entsprechend größere Fläche ausgeglichen werden kann. Hausdächer sind im Normalfall groß genug, um auch mit polykristallinen Solarmodulen eine Leistung zu erzielen, die einen wirtschaftlich vernünftigen Betrieb der Photovoltaikanlage gestattet. Falls man jedoch nur eine kleine Fläche zur Verfügung hat, ist es empfehlenswert, monokristalline Zellen zu verwenden. Anlagen auf Freiflächen nutzen meist ebenfalls polykristalline Solarzellen.

Man findet Solarplatten als Energieversorgung für Taschenrechner, Power-Banks, Satelliten, Gartenbeleuchtungen, Lichterketten, Poolheizungen, Armbanduhren, Wanduhren, Teichpumpen, Gartenduschen, Gartenbrunnen, Solarlateren, Solarcomputertastaturen, Gartenfiguren, Solarmatten und zur Beleuchtung für Hausnummern, in Spielsachen wie zum Beispiel Windräder, Sachen von Fischertechnik und Roboter, aber auch in ausgefalleneren Gegenständen wie zum Beispiel in Solarrucksäcken, Solargläsern, Solarbekleidung und Autofensterabdeckungen.

6. Vorteile

Die Herstellung von polykristallinen Photovoltaikmodulen ist deutlich preiswerter und umweltfreundlicher als die Herstellung von anderen Solarzellen. Das liegt hauptsächlich daran, dass bei der Herstellung des Siliziums keine so hohen Temperaturen erforderlich sind wie bei monokristallinen Modulen. Da die Blöcke bereits in einer quadratischen Form erzeugt werden, fällt auch weniger Abfall an.

Polykristalline Solarmodule werden oft als die Solarmodule mit dem besten Preis-Leistungs-Verhältnis bezeichnet. Nicht ohne Grund liegt der Marktanteil von polykristallinen Solarmodulen bei weit über 80 % der derzeit in Deutschland verbauten Module.

Die Module der polykristallinen Solarzelle sind bläulich gefärbt und nicht so dunkel und flach wie monokristalline Solarzellen.

Die Preise für polykristalline Solarmodule sind seit Jahren ständig gesunken, haben sich aber in letzter Zeit stabilisiert. Die Preisentwicklung mono- und polykristalliner Solarmodulen liegt sehr eng nebeneinander. In Statistiken über die Stromerzeugungskosten werden deshalb beide Varianten meist zusammen ausgewiesen.

Weil sich der Marktanteil seit Jahren bei etwa 80% bewegt, können diese Solarmodule daher als die Standardausführung bezeichnet werden. Der Einsatz von polykristallinen Solarmodulen kann bedenkenlos empfohlen werden, wenn nicht spezielle Gründe dagegen sprechen. Das kann dann der Fall sein, wenn nur eine kleine Fläche zur Verfügung steht.

Hersteller von polykristallinen Solarmodulen sind zum Beispiel Suntech, ET Solar, Schüco und Scheuten. Die Wahl der Module ist immer abhängig vom individuellen Dach.

Seit etwa 15 Jahren werden Solarzellen in großer Stückzahl produziert. Während der gesamten Zeit fielen die Preise schnell, ein Watt Leistung kostet heute kaum noch fünf Prozent des Preises von 1998. Für kristalline Module hat sich der Preisverfall aber bislang nicht fortgesetzt. Die besonders preiswerten Importe auch China haben sich sogar erstmals leicht verteuert. Für die nähere Zukunft zeichnet sich auch kein weiterer Verfall der Preise ab.

7. Nachteile

Polykristalline Solarmodule haben einen geringeren Wirkungsgrad als monokristalline Module. Sie sind schwerer als Dünnschichtmodule. Polykristalline Solarmodule sind an ihrer hellen, bläulich glitzernden Oberfläche leicht zu erkennen. Im Gegensatz zu einigen Dünnschichtmodulen besteht nicht die Möglichkeit, sie dem eigenen Design in der Farbe anzupassen.

Der Wirkungsgrad polykristalliner Solarzellen liegt bei etwa 15 Prozent. Damit bleiben polykristalline Module hinter den monokristallinen Solarzellen zurück, die Modulwirkungsgrade von ca. 19 Prozent erreichen. Da für polykristalline Solarmodule weniger reines Silizium verwendet wird und das aus Kristallstrukturen bestehen, die für Lichtbrechungen sorgen, ist der Wirkungsgrad der Solarmodule geringer als bei monokristallinen Solarmodulen. Aufgrund der geringeren Effizienz werden polykristalline Solarzellen häufig für Photovoltaik-Anlagen auf größeren Dachflächen eingesetzt, bei denen die Leistung eines einzelnen Solarmoduls nicht ganz so entscheidend ist. Kristalline Solarzellen können heute als voll ausgereifte Technologie angesehen werden, bei der allenfalls noch Verbesserungen im Detail zu erwarten sind.

8. Andere Arten von Solarzellen

Kristalline Solarzelle

Mono- und polykristalline Solarzellen unterscheiden sich nur dadurch, dass monokristalline Solarzellen aus ganzen Kristallen bestehen, während in polykristallinen Solarzellen zahlreiche kleinere Kristalle zum Einsatz kommen. Kristalline Solarzellen erreichen heute den höchsten Wirkungsgrad aller verfügbaren Technologien, dem allerdings auch ein entsprechender Aufwand bei der Fertigung gegenübersteht. Monokristalline Solarzellen erreichen in der Praxis einen Wirkungsgrad von ca. 19 Prozent, während polykristalline Solarzellen bei ca. 15 Prozent liegen. Für die Herstellung monokristalliner Solarzellen wird reineres Silizium benötigt als bei polykristallinen, weswegen sich ein Teil des Leistungsunterschieds durch die unterschiedliche Qualität des Ausgangsmaterials erklärt. Der Energiebedarf für die Produktion polykristalliner Solarzellen ist deutlich niedriger.

Amorphe Solarzellen

In amorphen Solarzellen kommen keine Kristalle zum Einsatz, sondern dünne Schichten aus amorphem Silizium oder anderem Material. Diese Schichten werden auf einen Träger aufgedampft. Das reduziert die Kosten und den Energieaufwand gegenüber kristallinen Solarzellen deutlich. Der Wirkungsgrad ist allerdings ebenfalls niedriger, Solarzellen aus amorphem Silizium liegen deutlich unter zehn Prozent. Dennoch sind sowohl der Energieaufwand als auch die Kosten pro Watt Leistung niedriger als bei kristallinen Solarzellen. Sie haben im Sonnenlicht einen nur geringen Wirkungsgrad, bieten jedoch Vorteile bei wenig Licht, Streulicht und bei hoher Betriebstemperatur.

Organische Solarzellen

Organische Solarzellen befinden sich noch in der Entwicklung. Interessant sind sie vor allem wegen der großen Möglichkeiten, die sie in Zukunft versprechen. Organische Solarzellen können nämlich in jeder Form hergestellt werden, sogar als Folien. Damit könnte jeder beliebige Gegenstand beschichtet werden, was der Photovoltaik neue Möglichkeiten eröffnet. Es können auch transparente Folienhergestellt werden, die nahezu unsichtbar sind. Mögliche Wirkungsgrade sind kaum vorherzusagen, da eine große Vielzahl organischer Materialien zur Verfügung steht und die Suche nach dem optimalen Material gerade erst begonnen hat. Selbst wenn der Wirkungsgrad deutlich unter dem herkömmlicher Module bleiben sollte, könnten organische Solarzellen dennoch eine große Zukunft haben, weil sie extrem billig in einfachen Druckverfahren hergestellt werden können.

Mikrokristalline Zellen

sind Dünnschichtzellen mit mikrokristalliner Struktur. Sie weisen einen höheren Wirkungsgrad als amorphe Zellen auf und sind nicht so dick wie die gängigen polykristallinen Solarzellen. Sie werden teilweise für Photovoltaikanlagen verwendet, sind jedoch noch nicht sehr weit verbreitet.

Tandem-Solarzellen

sind übereinander geschichtete Solarzellen, meist eine Kombination von polykristallinen und amorphen Zellen. Die einzelnen Schichten bestehen aus unterschiedlichem Material und sind so auf einen anderen Wellenlängenbereich des Lichtes abgestimmt. Die zuoberst angeordneten Zellen absorbieren nur einen Teil des Lichtspektrums, der Rest kann durchtreten und von der darunter angeordneten Schicht verwertet werden. Durch ein breiteres Ausnützen des Lichtspektrums der Sonne haben diese Zellen einen besseren Wirkungsgrad als einfache Solarzellen. Sie werden teilweise bei Photovoltaikanlagen verwendet, sind jedoch noch relativ teuer.

9. Quellen:

https://www.solaranlage-ratgeber.de/photovoltaik/photovoltaik-technik/photovoltaiksolarmodule

https://photovoltaiksolarstrom.com/photovoltaiklexikon/schulreferat-photovoltaik/

http://www.photovoltaikmodule.com/solarzellen-arten.php

http://kinderrathaus.de/fotovoltaik?page=2

„Das Solarbuch" 3. Auflage von Walter Witzel und Dieter Seifried

„Erneuerbare Energien und Klimaschutz" von Volker Quaschning

„Umwelt Technik" 1. Auflage von Horst Babendererde, Heinrich Brandt, Hartmut Kreienbrink, Uwe Lenz und Heiz Schlüter

„Erneuerbare Energien Sonne, Wind und Wasser" von Felix Homann

Homann